思考力算数練習帳シリーズ
シリーズ12
周期算・整数範囲

本書の目的…周期算（しゅうきざん）はわり算を使った応用問題として、とても重要です。本書では、周期とわり算の関係をしっかりと理解した上で、問題に取り組めるように工夫しています。とくにわり算の「あまり」の扱い方は子どもたちがよくまちがうところです。本書は、「あまり」のあるわり算の計算の意味を確実に理解し、それを周期算に応用できるようになることを目的としています。

　周期算は、中学入試の問題にもよく出題されますので、この問題集を解く事によって、私立・国立中学の受験の準備になります。また、将来のために思考力を伸ばしたい小学生にも最適の問題集です。

本書の特長

1、周期算の考え方を、細かい論理のステップを踏んで理解することによって、高度な学習に役立つ思考力を養成できる。

2、すべて**整数だけで解ける問題**にしています。小数や分数計算にまだ慣れていないお子さんにも理解しやすいよう考慮されています。

3、自分ひとりで考えて解けるように工夫して作成されています。他の思考力練習帳と同様に、なるべく**教え込まなくても学習できる**ように構成されています。

4、公式に当てはめて問題を解くのではなく、問題の意味に沿って式を作るように工夫しています。

5、直接数えて答を求める方法と、式で答を求める方法を並記することで、解き方を迷ったときに、もう一度、式（公式）を発見できるようにしています。

算数思考力練習帳シリーズについて
　ある問題について、同じ種類・同じレベルの類題を**くりかえし練習**することによって、確かな定着が得られます。
　本シリーズでは、中学入試につながる**文章題**について、同種類・同レベルの問題を**くりかえし練習**することができるように作成しました。

指導上の注意
① 解けない問題・本人が悩んでいる問題については、お母さん（お父さん）が説明なさってください。その時に、できるだけ**具体的**な物に例えて説明すると良く分かります。（例えば、実際に目の前にご石を並べて数えさせるなど。）

② お母さん（お父さん）はあくまでも補助で、問題を解くのはお子さん本人です。お子さんの**達成感**を満たすためには、「解き方」から「答え」までのすべてを教えてしまわないで下さい。教える場合は**ヒント**を与える程度にしておき、本人が**自力**で答えを出すのを待って下さい。

③ 子供のやる気が低くなってきていると感じたら、**無理にさせない**で下さい。お子さんが興味を示す別の問題をさせるのも良いでしょう。

④ 丸つけは、その場でなさってください。**フィードバック**（自分のやった行為が正しかったかどうか評価を受けること）は**早ければ早いほど**本人の学習意欲と定着につながります。

目　次

第1章、周期（しゅうき）とは何でしょうか	3
第2章、□番目の記号を求める	6
第3章、□個目までにある記号の数を求める	12
第4章、□個目までの各記号の数の和は全体の個数の□個となる	17
第5章、数字の周期算で何番目までの数の和を求める	23
第6章、初めからの和がある数になるのは何番目までの和か	27
第7章、ある記号の□番目が全体で何番目かを求める	32
第8章、第1章から第7章までの総合問題	39
解　答	50

第1章、周期（しゅうき）とは何でしょうか

説明：「1,2,3,1,2,3,1,2,3,・・・」と数字が並んでいるとき「1,2,3」はくり返し現れます。このような「同じようなくり返し」を周期（しゅうき）と呼びます。

例題1、●,○,○,●,○,○,●,○,○,●,・・・と記号が規則（きそく）正しくならんでいます。次の問に答えなさい。

問1、次の{　　　}の中で当てはまるものを○で囲（かこ）みなさい。

このような記号は{ ●,○,○ ・ ●,○,○,● }が一組となってくり返しています。このような「同じようなくり返し」を{ 周囲・周期 }と言います。このとき、記号は{ 3個ずつ・4個ずつ }が一つの組になっています。

答{ ●,○,○ ・周期・3個ずつ }

（読み方、○；しろまる、●；くろまる）

問2、全体（ぜんたい）で初めから8個目は●か○のどちらですか。また8個目までに何周期とあと何個ありますか。

（考え方）以下のように周期ごとにくぎって考えます。

記号が何個目か…1,2,3, 4,5,6, 7,8,9, 10

●,○,○, ●,○,○, ●,○,○, ●,・・・

周期が何番目か…1周期目　2周期目　3周期目　4周期目

答，○、2周期とあと2個

類題1-1、●,○,○,●,●,○,○,●,●,○,○,●,●,○,○,・・・・

と記号が規則（きそく）正しくならんでいます。次の問に答えなさい。

問1、何個で一つの周期になっていますか。

答，_____

問2、全体で初めから11個目は●か○のどちらですか。また11個目までに何周期とあと何個ありますか。

（考え方）以下のように周期ごとにくぎって考えます。

記号が何個目か…1，2，3，4， 5，6，7，8， 9,10,11
　　　　　　　　●,○,○,●， ●,○,○,●， ●,○,○・・・・

周期が何番目か…1周期目　　　2周期目　　　3周期目

答,＿＿＿＿、＿＿周期とあと＿＿個

＊＊＊＊＊＊＊＊＊＊練習問題（第1章）＊＊＊＊＊＊＊＊＊＊

練習1-1、「ア,イ,ア,イ,ウ,ア,イ,ア,イ,ウ,ア,イ,ア,イ,ウ,ア,イ,ア,イ,ウ,ア,イ,ア,イ,・・・・　」とカタカナが規則（きそく）正しくならんでいます。次の問に答えなさい。

（ヒント；問題文の「ア,イ,ア,イ,ウ,ア,イ,ア,イ,ウ・・」を自分で周期ごとにくぎって考えましょう。）

問1、何個で一つの周期になっていますか。

答,＿＿＿＿＿＿＿＿＿

問2、全体で初めから17個目のカタカナは何ですか。また17個目までに何周期とあと何個ありますか。

答,＿＿＿＿、＿＿周期とあと＿＿個

練習1-2、「1,2,2,1,2,1,1,2,2,1,2,1,1,2,2,1,2,・・・・」と数字が規則（きそく）正しくならんでいます。全体で初めから16個目の数字は何ですか。また16個目までに何周期とあと何個ありますか。

答,＿＿＿＿、＿＿周期とあと＿＿個

＊＊＊＊＊＊＊＊＊確認テスト（第１章）＊＊＊＊＊＊＊＊＊
周期（しゅうき）とは何でしょうか

年　月　日　　得点（　　　　）　合格点は80点、各20点

[1-1]　「ア,イ,イ,ウ,ア,ア,ア,イ,イ,ウ,ア,ア,ア,イ,イ,ウ,ア,ア,ア,イ,イ,ウ,ア,ア,ア,イ,イ,ウ,・・・・」とカタカナが規則（きそく）正しくならんでいます。次の問に答えなさい。

問1、何個で一つの周期になっていますか。

答,＿＿＿＿＿＿＿

問2、全体で初めから11個目のカタカナは何ですか。また11個目までに何周期とあと何個ありますか。

答,＿＿＿、＿＿周期とあと＿＿個

問3、全体で初めから22個目のカタカナは何ですか。また22個目までに何周期とあと何個ありますか。

答,＿＿＿、＿＿周期とあと＿＿個

[1-2]　●,○,○,●,●,○,○,●,○,○,●,●,○,○,●,○,○,●,●,○,○,●,○,○,●,●,・・・・　と記号が規則（きそく）正しくならんでいます。次の問に答えなさい。

問1、何個で一つの周期になっていますか。

答,＿＿＿＿＿＿＿

問2、全体で初めから20個目は●か○のどちらですか。また20個目までに何周期とあと何個ありますか。

答,＿＿＿、＿＿周期とあと＿＿個

第2章、□番目の記号を求める

例題2、 ○,●,●,○,○,○,●,●,○,○,○,●,●,○,・・・・ と記号が規則正しくならんでいます。13個目の記号は○か●かどちらですか。

[考え方] 問題の記号も13個ならんでいますから、初めから数えて13個目が○か●かを確かめれば答えは分かります。でもこのような問題では記号が同じ並び方をしている組、つまり周期があることを利用するとうまく解くことができます。それでは、この問題を周期との関係で考えてみましょう。

○,●,●,○,○,○,●,●,○,○,○,●,●,○,・・・・の記号は同じ並び方をしている部分があります。これを見つけて点線で囲むと次の図のようになります。

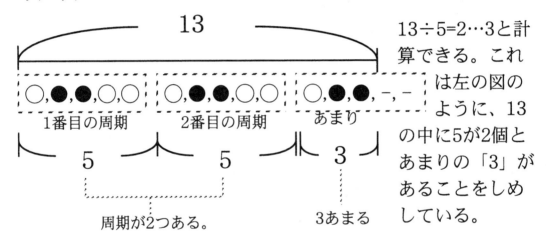

[考え方を表す式]

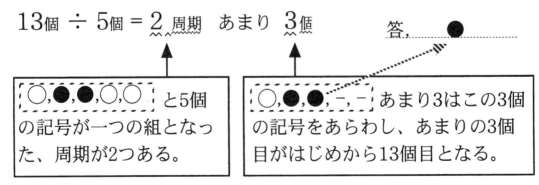

類題2-1、○,●,○,●,●,○,●,○,●,●,○,●,○,●,●,○・・・
と記号が規則正しくならんでいます。次の問に答えなさい。
問1、21個目の記号は○か●かどちらですか。
　（式・考え方）
　　　＿＿＿個÷＿＿＿個＝＿＿＿周期 あまり ＿＿＿個→（＿＿＿＿＿＿＿＿）

　　　　　　　　　　　　　　　　　　　　　　答,＿＿＿＿＿＿＿＿＿

問2、15個目の記号は○か●かどちらですか。（注意；あまりがゼロになる場合は1つの周期の中の何番目になるのかを図を書いて確かめましょう。）
　（式・考え方）
　　　＿＿＿個÷＿＿＿個＝＿＿＿周期 あまり ＿＿＿個→（＿＿＿＿＿＿＿＿）

　　　　　　　　　　　　　　　　　　　　　　答,＿＿＿＿＿＿＿＿＿

問3、42個目の記号は○か●かどちらですか。
　（式・考え方）
　　　＿＿＿個÷＿＿＿個＝＿＿＿周期 あまり ＿＿＿個→（＿＿＿＿＿＿＿＿）

　　　　　　　　　　　　　　　　　　　　　　答,＿＿＿＿＿＿＿＿＿

類題2-2、○,○,●,●,○,○,●,●,○,○,●,●,○,○,●,・・・と
記号が規則正しくならんでいます。次の問に答えなさい。
問1、19個目の記号は○か●かどちらですか。
　（式・考え方）
　　　＿＿＿個÷＿＿＿個＝＿＿＿周期 あまり ＿＿＿個→（＿＿＿＿＿＿＿＿）

　　　　　　　　　　　　　　　　　　　　　　答,＿＿＿＿＿＿＿＿＿

問2、40個目の記号は○か●かどちらですか。
（式・考え方）
　　　　　個÷　　　個＝　　　周期 あまり　　　個→（　　　　　　）

答,

類題2-3、ア,イ,ア,イ,ウ,ウ,ア,イ,ア,イ,ウ,ウ,ア,イ,ア,イ,ウ,ウ,ア,イ,ア,イ,ウ,・・・・　とカタカナが規則正しくならんでいます。40個目のカタカナは何ですか。
（式・考え方）
　　　　　個÷　　　個＝　　　周期 あまり　　　個→（　　　　　　）

答,

類題2-4、1,1,2,3,1,1,2,3,1,1,2,3,1,1,・・・・　と数字が規則正しくならんでいます。30個目の数字は何ですか。
（式・考え方）
　　　　　個÷　　　個＝　　　周期 あまり　　　個→（　　　　　　）

答,

＊＊＊＊＊＊＊＊＊＊練習問題（第2章）＊＊＊＊＊＊＊＊＊＊

練習2-1、○,●,●,○,●,●,○,●,●,○,●・・・・　と記号が規則正しくならんでいます。20個目の記号は何ですか。
（式・考え方）

答,＿＿＿＿＿＿＿＿＿

練習2-2、ア,イ,イ,ウ,ア,ア,イ,イ,ウ,ア,ア,イ,イ,ウ,ア,・・・・とカタカナが規則正しくならんでいます。40個目のカタカナは何ですか。
（式・考え方）

答,＿＿＿＿＿＿＿＿＿

練習2-3、×,×,○,△,○,×,×,×,○,△,○,×,×,×,○,△,○,×,×,×,○,△,○,×,×,×,○,△,・・・・　と記号が規則正しくならんでいます。初めから100個目の記号は何ですか。
（式・考え方）

答,＿＿＿＿＿＿＿＿＿

練習2-4、3,1,1,2,1,3,1,1,2,1,3,1,1,2,1,3,1,1,2,・・・・　と数字が規則正しくならんでいます。30個目と51個目の数字はそれぞれ何ですか。
（式・考え方）

答,30個目は＿＿＿＿＿＿、51個目は＿＿＿＿＿＿

＊＊＊＊＊＊＊＊＊＊確認テスト（第2章）＊＊＊＊＊＊＊＊＊

□番目の記号を求める

年　月　日　　得点（　　　　）　　合格点は80点、各10点

[2-1]　○,●,●,○,○,●,●,○,○,●,●,○,○,●,・・・・
と記号が規則正しくならんでいます。30個目の記号は何ですか。
（式・考え方）

答,＿＿＿＿＿＿＿

[2-2]　3,2,1,3,2,3,2,1,3,2,3,2,1,3,2,3,2,1・・・・　と数字
が規則正しくならんでいます。20個目の数字は何ですか。
（式・考え方）

答,＿＿＿＿＿＿＿

[2-3]　ア,ア,イ,イ,ウ,ア,ア,ア,イ,イ,ウ,ア,ア,ア,イ,イ,ウ,ア,
ア,ア,イ,イ,・・・・　とカタカナが規則正しくならんでいま
す。100個目のカタカナは何ですか。
（式・考え方）

答,＿＿＿＿＿＿＿

[2-4]　○,△,△,●,○,△,△,●,○,△,△,・・・・　と記号が規
則正しくならんでいます。40個目の記号は何ですか。
（式・考え方）

答,＿＿＿＿＿＿＿

[2-5]　1,2,3,2,1,1,1,2,3,2,1,1,1,2,3,2,1,1,1,2,3,2,・・・・
と数字が規則正しくならんでいます。40個目の数字は何ですか。
（式・考え方）

答,＿＿＿＿＿＿＿

［2-6］　△,△,×,○,×,△,△,△,×,○,×,△,△,△,×,○,×・・・
と記号が規則正しくならんでいます。50個目の記号は何ですか。
（式・考え方）

答,＿＿＿＿＿＿

［2-7］　×,○,○,×,×,×,○,○,×,×,×,○,○,×・・・・と記号が規則正しくならんでいます。43個目の記号は何ですか。
（式・考え方）

答,＿＿＿＿＿＿

［2-8］　1,2,2,3,4,1,1,2,2,3,4,1,1,2,2,3,・・・・　と数字が規則正しくならんでいます。50個目の数字は何ですか。
（式・考え方）

答,＿＿＿＿＿＿

［2-9］　7,8,6,6,7,7,7,8,6,6,7,7,7,8,6,6,7,・・・・　と数字が規則正しくならんでいます。100個目の数字は何ですか。
（式・考え方）

答,＿＿＿＿＿＿

［2-10］　月火水木金土日月火水木金土日月火水木金土日月火水木金土日月火水木金・・・・　と漢字が規則正しくならんでいます。100個目の漢字は何ですか。
（式・考え方）

答,＿＿＿＿＿＿

第３章、□個目までにある記号の数を求める

例題3、○,●,●,○,○,○,●,●,○,○,○,●,●,○,・・・・　と記号が規則正しくならんでいます。13個目までには○は全部で何個ありますか。

[イメージ図]

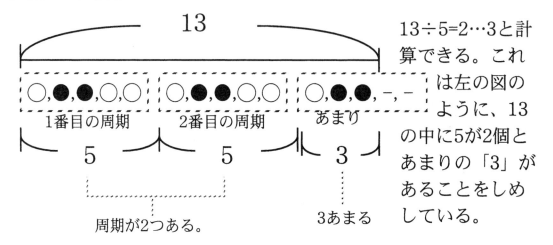

[考え方を表す式]

　　　　13個 ÷ 5個 ＝ 2周期　あまり　3個　→　(○,●,●,-,-)
　　　　　　　　　　　　3個×2周期　＋　1個　＝　7個

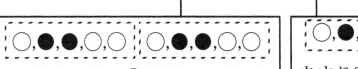

1周期に3個の○があり、2周期あるので3個ずつ2組あるので3×2の6個ある。

あまり3の中に○が1個だけあるので、1個を加えます。

類題3-1、●,●,○,●,○,○,○,●,●,○,●,○,○,○,●,●,○,●,○,○,○,●,●,○,・・・・・ と記号が規則正しくならんでいます。60個目までには○は全部で何個ありますか。

（式・考え方）あまりの意味する記号を下の（　）に書くこと
　___個÷___個＝___周期　…　___個→(_____)
　　　　　　　　　　　　　　　　　あまりの中の○の個数
　___個×___周期＋___個＝___個　　答、_____

┌─────────────────────┐
│ ●,●,○,●,○,○,○, 一つの周期には「○」は4個ずつある。│
└─────────────────────┘

類題3-2、1,2,3,2,1,1,1,2,3,2,1,1,1,2,3,2,1,1,1,2,3,2・・・・と数字が規則正しくならんでいます。70番目までに数字の「1」は何個ありますか。

（式・考え方）あまりの意味する記号を下の（　）に書くこと
　___個÷___個＝___周期　…　___個→(_____)
　　　　　　　　　　　　　　　　　あまりの中の「1」の個数
　___個×___周期＋___個＝___個　　答、_____

類題3-3、ア,ウ,ア,イ,イ,ア,ウ,ア,イ,イ,ア,ウ,ア,イ,イ,・・・とカタカナが規則正しくならんでいます。72個目までに「イ」は何個ありますか。　(注意；あまりの中に求める記号がない場合もあります。)

（式・考え方）あまりの意味する記号を下の（　）に書くこと
　___個÷___個＝___周期　…　___個→(_____)
　　　　　　　　　　　　　　　　　あまりの中のイの個数
　___個×___周期＋___個＝___個　　答、_____

＊＊＊＊＊＊＊＊＊練習問題（第3章）＊＊＊＊＊＊＊＊＊

練習3-1、〇,●,●,〇,●,●,〇,●,●,〇,●・・・・　と記号が規則正しくならんでいます。20個目までに〇は何個ありますか。

（式・考え方）

　　　　　　　　　　　　　　　　　　　　　　　　　　答,……………………

練習3-2、1,2,3,3,1,2,1,2,3,3,1,2,1,2,3,3,1,2,1,2,3,3,1・・・・
と数字が規則正しくならんでいます。50番目までに数字の「3」は何個ありますか。

（式・考え方）

　　　　　　　　　　　　　　　　　　　　　　　　　　答,……………………

練習3-3、〇,●,●,〇,〇,〇,●,●,〇,〇,〇,●,●,〇,・・・・
と記号が規則正しくならんでいます。28個目までに〇は何個ありますか。

（式・考え方）

　　　　　　　　　　　　　　　　　　　　　　　　　　答,……………………

練習3-4、エ,エ,ム,エ,ム,エ,エ,エ,ム,エ,ム,エ,エ,エ,ム,エ,ム,エ,エ,エ,ム,エ,ム,エ,・・・・　とカタカナが規則正しくならんでいます。100個目までにカタカナの「エ」は何個ありますか。

（式・考え方）

　　　　　　　　　　　　　　　　　　　　　　　　　　答,……………………

＊＊＊＊＊＊＊＊＊確認テスト（第３章）＊＊＊＊＊＊＊＊＊
□個目までにある記号の数を求める

年　月　日　　得点（　　　　　　）　合格点は80点

[3-1]　○,△,○,○,△,△,○,○,△,○,○,△,△,○,○,△,○,○,△,△,○,○,△,○,○,△,△,・・・・　と記号が規則正しくならんでいます。50個目までに△は何個ありますか。

（式・考え方）

答,＿＿＿＿＿＿＿＿＿（20点）

[3-2]　ア,イ,イ,ウ,ア,ア,ア,イ,イ,ウ,ア,ア,ア,イ,イ,ウ,・・・とカタカナが規則正しくならんでいます。100個目までにカタカナの「ア」は何個ありますか。

（式・考え方）

答,＿＿＿＿＿＿＿＿＿（20点）

[3-3]　1,2,2,3,1,2,2,3,1,2,2,3,1,2,2,・・・・　と数字が規則正しくならんでいます。25番目までに数字の「2」は何個ありますか。

（式・考え方）

答,＿＿＿＿＿＿＿＿＿（15点）

[3-4] △,×,×,○,×,△,△,×,×,○,×,△,△,×,×,○,×,△,△,×,×,○,×,・・・・と記号が規則正しくならんでいます。70個目までに×は何個ありますか。
（式・考え方）

答．　　　　　　(15点)

[3-5] 1,2,2,3,3,3,1,1,2,2,3,3,3,1,1,2,2,3,3,3,1,1,2,2,3,・・と数字が規則正しくならんでいます。60番目までに数字の「3」は何個ありますか。
（式・考え方）

答．　　　　　　(15点)

[3-6] 月,火,火,水,水,水,月,火,火,水,水,水,月,火,火,水,水,水,月,火,火,水,・・・・と漢字が規則正しくならんでいます。50個目までに漢字の「火」は何個ありますか。
（式・考え方）

答．　　　　　　(15点)

第4章、 □個目までの各記号の数の和は全体の個数の□個となる

例題4、 ○,●,○,●,○,○,○,●,○,●,○,○,○,●,○,●,○,○,○,●,○,●,○,・・・・ と記号が規則正しくならんでいます。次の問に答えなさい。

問1、初めから50番目の記号は何ですか。
　（式・考え方）50個÷6個＝8周期　あまり2個→（○,●,-）
　あまり2個の最後の記号が50番目

答,　●

問2、50番目までに○は何個ありますか。
　（式・考え方）一つの周期に○は4個ずつある。それが8周期あり、あまり2個の中にも1個あるので、
　　　　　　　4個×8周期＋1個＝33個

答,　33個

問3、50番目までに●は何個ありますか。2通りの方法で求めなさい。
　（式・考え方1）一つの周期に●は2個ずつある。それが8周期あり、あまり2個の中にも1個あるので、
　　　　　　　2個×8周期＋1個＝17個

答,　17個

　（式・考え方2）50番目までの○と●の個数の合計は50個になる。これから、●は50個-33個＝17個となる。

答,　17個

類題4-1、 △,×,×,○,×,△,△,△,×,×,○,×,△,△,△,×,×,○,×,△,△,・・・・と記号が規則正しくならんでいます。次の問に答えなさい。

問1、初めから80番目の記号は何ですか。
　（式・考え方）

個÷　　　個＝　　　周期あまり　　　個→（　,　,　,　,　）

答,＿＿＿＿＿＿＿＿

問2、80番目までに○,×,△はそれぞれ何個ありますか。
（式・考え方）
○は　　　個×　　　周期＋　　　個＝　　　個
×は　　　個×　　　周期＋　　　個＝　　　個
△は　　　個×　　　周期＋　　　個＝　　　個

答,○　　　個、×　　　個、△　　　個、

問3、問2の○,×,△の個数の合計が80個になることを確かめなさい。
　　　式　　　個＋　　　個＋　　　個＝　　　個

類題4-2、「2,1,1,3,1,2,2,1,1,3,1,2,2,1,1,3,1,2,2,1,1,3,1,2,…」と記号が規則正しくならんでいます。80番目までに「1」「2」「3」はそれぞれ何個ありますか。
（式・考え方）
　　　個÷　　　個＝　　　周期あまり　　　個→（　　　　　）
「1」は　　　個×　　　周期＋　　　個＝　　　個
「2」は　　　個×　　　周期＋　　　個＝　　　個
「3」は　　　個×　　　周期＋　　　個＝　　　個

答,「1」　　　個、「2」　　　個、「3」　　　個

＊＊＊＊＊＊＊＊＊練習問題（第４章）＊＊＊＊＊＊＊＊＊

練習4-1、1,2,2,3,3,3,1,2,2,3,3,3,1,2,2,3,3,3,1,2,2,3,・・・・と数字が規則正しくならんでいます。次の問に答えなさい。
問1、初めから70番目の数字は何ですか。
（式・考え方）

答,＿＿＿＿＿＿＿＿

問2、70番目までに数字の「1」「2」「3」はそれぞれ何個ありますか。
（式・考え方）

答, 「1」は　　　個、「2」は　　　個、「3」は　　　個

問3、問2の「1」「2」「3」の個数の合計が70個になることを確かめなさい。
答,（式）

練習4-2、△,×,×,○,○,×,×,△,×,×,○,○,×,×,△,×,×,○,○,×,×,△,×,×,○,○,・・・と記号が規則正しくならんでいます。次の問に答えなさい。

問1、初めから120番目の記号は何ですか。
（式・考え方）

答,

問2、120番目までに記号の△、×はそれぞれ何個ありますか。
（式・考え方）

答,△は　　　個、×は　　　個

問3、120番目までには△、×、○の記号の合計は120個あります。記号の合計が120個であることと問2の答を使って、120番目までに記号の○は何個あるかを求めなさい。

（式・考え方）

　　　　　　　　　　　　　　　　　　　　　　　答,○は　　　　個

問4、120番目までの記号○の個数を問2と同じ方法で求めなさい。
（式・考え方）

　　　　　　　　　　　　　　　　　　　　　　　答,○は　　　　個

練習4-3、ア,イ,イ,ウ,イ,ア,ア,イ,イ,ウ,イ,ア,ア,イ,イ,ウ,イ,ア,ア,イ,イ,ウ,・・・・と記号が規則正しくならんでいます。次の問に答えなさい。
問1、初めから130番目の記号は何ですか。
（式・考え方）

　　　　　　　　　　　　　　　　　　　　答,　　　　　　　　

問2、130番目までに記号のア、イ、ウはそれぞれ何個ありますか。
（式・考え方）

　　　　　　答,アは　　　個、イは　　　個、ウは　　　個
問3、問2ののア、イ、ウの個数の合計が130個になることを確かめなさい。
答,（式）

***********確認テスト（第4章）**********

□個目までの各記号の数の和は全体の個数の□個となる

年　月　日　　得点（　　　　　）　　合格点は80点

[4-1]　　2,1,1,3,2,3,2,2,1,1,3,2,3,2,2,1,1,3,2,3,2,2,1,・・・・
　　と数字が規則正しくならんでいます。次の問に答えなさい。

問1、初めから80番目の数字は何ですか。
（式・考え方）

　　　　　　　　　　　　　　　　　　答,　　　　　　　（10点）

問2、80番目までに数字の「1」,「2」,「3」,はそれぞれ何個ありますか。
（式・考え方）

　　　　　答,「1」　　　個、「2」　　　個、「3」　　　個（15点）

問3、問2の「1」「2」「3」の個数の合計が80個になることを確かめなさい。

　答,（式）　　　　　　　　　　　　　　　　　　　　　（10点）

[4-2]　ア,イ,ア,イ,ウ,ア,ア,イ,ア,イ,ウ,ア,ア,イ,ア,イ,ウ,ア,ア,イ,ア,イ・・・・と記号が規則正しく200個ならんでいます。

問1、最後の記号（200個目）は「ア」「イ」「ウ」のどれですか。
（式・考え方）

　　　　　　　　　　　　　　　　　答,　　　　　　　（10点）

問2、「ア」「イ」はそれぞれは全部で何個ありますか。
（式・考え方）

答,「ア」は　　　　　個、「イ」は　　　　　個（15点）

問3、「ウ」は全部で何個ありますか。全体の個数と問2の答を使って求めなさい。
（式・考え方）

答,「ウ」は　　　　　個（10点）

問4、「ウ」は全部で何個ありますか。問2と同じ方法で求めなさい。
（式・考え方）

答,「ウ」は　　　　　個（10点）

［4-3］　○,×,×,△,×,△,×,○,○,○,×,×,△,×,△,×,○,○,○,×,×,△,×,△,×,○,○,○,×,×,△,×,△,×,・・・・と記号が規則正しくならんでいます。150番目までに記号の「○」,「×」,「△」はそれぞれ何個ありますか。
（式・考え方）

答,「○」は　　　個、「×」は　　　個、「△」は　　　個（20点）

合計が150になることを確（たし）かめておこう。

第5章、数字の周期算で何番目までの数の和を求める

例題5、1,2,3,1,1,2,3,1,1,2,3,1,1,2,・・・・・と数字が規則正しくならんでいます。3番目までの数をすべてたすと1+2+3となるので、3番目までの数の和は6となります。では、15番目までの数の和はいくつですか。

[イメージ図]

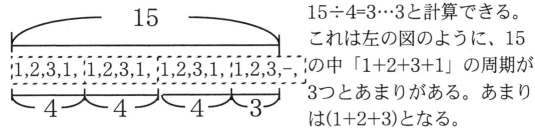

15÷4=3…3と計算できる。これは左の図のように、15の中「1+2+3+1」の周期が3つとあまりがある。あまりは(1+2+3)となる。

[考え方・式]

15個 ÷ 4個 ＝ 3周期…3 → （1,2,3）

(1+2+3+1) ×3周期 ＋ (1+2+3) ＝7×3+6＝27

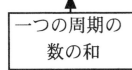　　あまりの数字の和

答、　27

[まちがいの例（れい）]

この問題になれていない間は、次のようなまちがいをよくします。

15個 ÷ 4個 ＝ 3周期…3 → （1,2,3）

(1+2+3)とするところを個数の3をそのまま数の和としてしまう。

(1+2+3+1) ×3周期 ＋ 3 ＝7×3+3＝24　　答、　24

類題5-1、1,2,2,3,1,2,2,3,1,2,2,3,1,2,・・・・ と数字が規則正しくならんでいます。3番目までの数をすべてたすと1+2+2となるので、3番目までの数の和は5となります。では、15番目までの数の和はいくつですか。
（式・考え方）

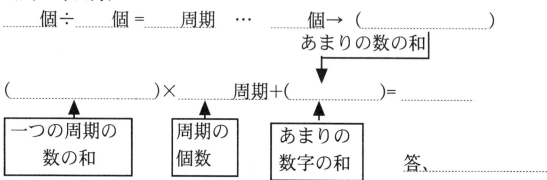

答、_____

類題5-2、2,3,1,1,2,3,1,1,2,3,1,1,2,3,1・・・・ と数字が規則正しくならんでいます。50番目までの数の和はいくつですか。
（式・考え方）

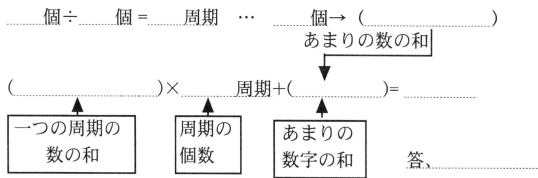

答、_____

類題5-3、「1,1,3,1,2,3,1,1,1,3,1,2,3,1,1,1,3,1,2,3,1,1,1,3,1,2,3,1,・・・・」と数字が規則正しくならんでいます。80番目までの数の和はいくつですか。
（式・考え方）
　　___個÷___個＝___周期…___個→（_____）
（_____）×___周期＋（_____）＝_____

答、_____

**********練習問題（第5章）**********

練習5-1、1,2,3,1,1,2,3,1,1,2,3,1,1,2,・・・・　と数字が規則正しくならんでいます。30番目までの数の和はいくつですか。
（式・考え方）

答,＿＿＿＿＿＿＿

練習5-2、次のように数字が規則正しくならんでいます。
1,2,2,3,1,2,1,2,1,2,2,3,1,2,1,2,1,2,2,3,1,2,1,2,1,2,2,3,1,2,1,2,
1,2,2,3,1,2,1,2,1,2,2,3,1,2,1,2,2,3・・・・。　次の問に答えなさい。

問１、50個目の数は何ですか。
（式・考え方）

答,＿＿＿＿＿＿＿

問2、50番目までの数の和はいくつですか。
（式・考え方）

答,＿＿＿＿＿＿＿

問3、100番目までの数の和はいくつですか。
注意：答は50番目までの数のちょうど2倍にはなりません。
（式・考え方）

答,＿＿＿＿＿＿＿

M.access　25　周期算

**********確認テスト（第5章）**********

数字の周期算で何番目までの数の和を求める

年　月　日　　得点（　　　　　）　　合格点は75点、各25点

［5-1］　次のように数字が規則正しくならんでいます。
1,2,2,3,3,3,1,1,2,2,3,3,3,1,1,2,2,3,3,3,1,1,2,2,3,3・・・・
60番目までの数の和はいくつですか。
（式・考え方）

答,＿＿＿＿＿＿＿

［5-2］　1,2,3,2,1,1,1,2,3,2,1,1,1,2,3,2,1,1,1,2,3,2・・・・
と数字が規則正しくならんでいます。次の問に答えなさい。
問1、40番目の数は何ですか。
（式・考え方）

答,＿＿＿＿＿＿＿

問2、40番目までの数の和はいくつですか。
（式・考え方）

答,＿＿＿＿＿＿＿

［5-3］　次のように数字が規則正しくならんでいます。
5,3,2,1,3,1,5,5,3,2,1,3,1,5,5,3,2,1,3,1,5,5,3,2,1,3,1,5,5,3,2,1,
3,1,5,5,3,2,1,3,1,5,5,3,2,1,3,1,5,5,3,2,1・・・・
100番目までの数の和はいくつですか。
（式・考え方）

答,＿＿＿＿＿＿＿

第6章、初めからの和がある数になるのは何番目までの和か

例題6、1,2,3,1,2,3,1,2,3,1,2,・・・・と数字が規則正しくならんでいます。初めから1+2+3+1…と数をたすと和が9になるのは1+2+3+1+2とたしたときです。ですから和が9になるのは初めから5番目までの和です。では、初めからの和が27になるのは何番目までの和ですか。

［考え方］ まず周期を考えましょう。すると（1,2,3）が一つの周期になっていることが分かります。この周期の和は1+2+3 = 6です。次に和が27になるまでに周期が何個あるかを考えます。周期一つの和が「6」ですから「27」の中に「6」が何個あるかを考えます。「27÷6=4あまり3」という計算になりました。これの意味は何でしょう。

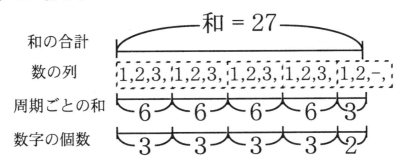

上の図を見て考えると、和が27になるには周期が①{ 3個・4個・6個 }と、さらに②{ 1の1個の数・1と2の2個の数 }の和にしたときです。このことを、たし算の式の形で表すと次のようになります。

(1+2+3)+(1+2+3)+(1+2+3)+(1+2+3)+(1+2)=27

上の式で数字が何個ならんでいるかを数えましょう。一つの周期に数字は ③{ 2個・3個・4個 }あり、この周期が4周期（4個）あります。さらに(1+2)の部分には数字は④{ 2個・3個・4個 }あります。ここで数字が全部で何個になるかを式で表すと次のようになります。

3個×4周期+2個=⑤＿＿＿＿個　　　　答⑤＿＿＿＿個

答、①4個、②1と2の2個の数、③3個、④2個、⑤14

［式］　1+2+3=6…一周期の数の和
　　　　27÷6=4周期とあまり3　　1+2=3→2個
　　　　3個×4周期+2個=14個　　　　　　　　　　答　14　個

類題6-1、1,2,3,1,2,3,1,2,3,1,2,・・・・　と数字が規則正しくならんでいます。初めから1+2+3+…と数をたしてゆくと和が7になるのは4番目です。では、初めからの和が15になるのは何番目までの和ですか。

問1、和が15になるまでたして求めて見よう。
　1　+　2　+　3　+　1　+　2　+　3　+　1　+　2　=　
　　　　　　　　　　　　　　　　　　　答,　　　　番目まで

問2、計算して求めて見よう。
　　　　　　　　　　　　…一周期の数の和

　　　　÷　　　=　　　周期とあまり　　　　　=　　　→　　　個

　　　　個×　　　周期+　　個=　　　個　　　答,

類題6-2、1,1,2,3,1,1,1,2,3,1,1,1,2,3,1,1,1,2,3,・・・・　と数字が規則正しくならんでいます。初めから1+1+2+…と数をたしてゆくと和が10になるのは7番目です。では、初めからの和が60になるのは何番目までの和ですか。

（式・考え方）

　　　　　　　　　　　　…一周期の数の和

　　　　÷　　　=　　　周期とあまり　　　　　=　　　→　　　個

　　　　個×　　　周期+　　個=　　　個　　　答,

類題6-3、2,3,1,1,1,2,2,3,1,1,1,2,2,3,1,1,1,2,2,3,1,1,1,・・と数字が規則正しくならんでいます。初めからの和が85になるのは何番目までの和ですか。
（式・考え方）

_____…一周期の数の和

_____÷_____=_____周期とあまり_____　_____=_____→_____個

_____個×_____周期＋_____個=_____個　　　　答,_____

＊＊＊＊＊＊＊＊＊＊練習問題（第6章）＊＊＊＊＊＊＊＊＊＊

練習6-1、5+4+3+2+5+4+3+2+5+4+3+2+5+4+3+…と数を規則正しくたしていきます。次の問に答えなさい。
問1、初めから50個までの和はいくらになりますか。
（式・考え方）

答,_____

問2、全部で何個の数をたしたとき和が278になりますか。
（式・考え方）

答,_____

練習6-2、1,2,3,2,1,1,2,3,2,1,1,2,3,2,1,・・・・　と数字が規則正しくならんでいます。次の問に答えなさい。
問1、153個目までに「2」は何個ありますか。
（式・考え方）

答,

問2、初めからの和が87になるのは何番目までの和ですか。
（式・考え方）

答,

練習6-3、1,1,1,2,3,2,1,1,1,1,2,3,2,1,1,1,1,2,3,2,1,1,1,1,2,…と数字が規則正しくならんでいます。次の問に答えなさい。
問1、100個目までの数の和はいくつですか。
（式・考え方）

答,

問2、初めからの数の和が60になるのは何番目までの和ですか。
（式・考え方）

答,

********確認テスト（第６章）***********

初めからの和がある数になるのは何番目までの数の和かを求める

　　年　月　日　　得点（　　　　　）　　合格点は75点、各25点

［6-1］　次のように数を規則正しくたします。
3+3+4+1+1+3+3+3+4+1+1+3+3+3+4+1+1+3+3+3+4+1+1+3+3+3+4+1+1+3+3+3+4+・・・・・
次の問に答えなさい。

問1、初めから80個までの和はいくらになりますか。
　（式・考え方）

　　　　　　　　　　　　　　　　　　　　　答，

問2、全部で何個の数をたしたとき和が141になりますか。
　（式・考え方）

　　　　　　　　　　　　　　　　　　　　　答，

［6-2］　1,1,2,2,2,3,1,1,1,2,2,2,3,1,1,1,2,2,2,・・・・と数字が規則正しくならんでいます。次の問に答えなさい。

問1、150個目までに「2」は何個ありますか。
　（式・考え方）

　　　　　　　　　　　　　　　　　　　　　答，

問2、初めからの和が85になるのは何番目までの和ですか。
　（式・考え方）

　　　　　　　　　　　　　　　　　　　　　答，

第7章、ある記号の□番目が全体で何番目かを求める

例題7、○,×,×,○,×,×,○,×,×,○,×,×,○,×・・・・と記号が規則正しくならんでいます。このとき、初めから5番目の×は全体では8番目になります。では、初めから21番目の×は全体では何番目になりますか。

[考え方] まず、5番目の×が全体で8番目になることを計算で求める方法を考えてみましょう。一つの周期には×が ①{ 2個ずつ・3個ずつ }あるので、5個の×を周期ごとに分けて考えます。

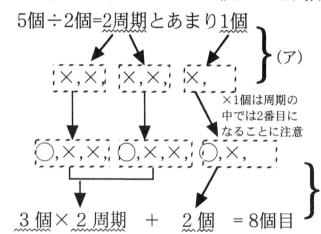

(ア)の式と図のように、5個の×は2つの周期とあまりの1個に分けられます。

これを全体で考え直すと(イ)の図と式のように、8個目になります。

次に、21番目の×について考えてみましょう。上と同じように考えて、

　　21個÷2個 = 10周期　あまり1個→ (○,×)
　　×の1個目は周期「○,×,×」の
　　2個目になることに注意します。
　　3個×② ___ 周期 +③ ___ 個 = ④ ___ 個

　　　　　　　　　　　　　　答,　32番目

①2個ずつ、②10、③2、④32

類題7-1、記号が○,×,△,○,△,○,○,×,△,○,△,○,○,×,△,○,△,○,○,×,△,○,△,・・・と規則正しくならんでいます。次の問に答えなさい。

問1、一つの周期には記号がいくつありますか。

答,_____

問2、初めから3個目の△は、全体では9個目です。では、初めから5個目の△は、全体では何個目ですか。問題文の記号を実際に数えて答えなさい。

答,_____

問3、初めから5個目の△は、全体では何個目ですか。次の_____部分に当てはまる数を入れて答を求めなさい。

（式・考え方）

_____個÷_____個＝_____周期　あまり　1　個→（_____）

一つの周期の中で△が1個でるまで書く

_____個×_____周期　+　_____個　＝_____個

答,_____

問4、初めから23個目の△は、全体では何個目ですか。次の_____部分に当てはまる数を入れて答を求めなさい。

（式・考え方）

_____個÷_____個＝_____周期　あまり_____個→（_____）

_____個×_____周期　+　_____個　＝_____個

答,_____

問5、初めから50個目の「○」は、全体では何個目ですか。次の_____部分に当てはまる数を入れて答を求めなさい。

（式・考え方）

_____個÷_____個＝_____周期　あまり_____個→（_____）

_____個×_____周期　+　_____個　＝_____個

答,_____

類題7-2、記号が○,×,×,○,×,×,○,×,×,○,×,×,○,・・・・
と規則正しくならんでいます。次の問に答えなさい。

問1、初めから4個目の×は、全体では6個目です。では、初めから8個目の×は、全体では何個目ですか。問題文の記号を実際に数えて答えなさい。

答,_____

問2、初めから8個目の×は、全体では何個目ですか。次の____部分に当てはまる数を入れて答を求めなさい。

（式・考え方）

____個÷____個 =____周期　あまり___0__個

____個×____周期 ＋____個 =____個

答,_____

類題7-3、記号が×,×,○,×,×,○,×,×,○,×,×,○,×,・・・・
と規則正しくならんでいます。次の問に答えなさい。

問1、初めから4個目の×は、全体では5個目です。では、初めから8個目の×は、全体では何個目ですか。問題文の記号を実際に数えて答えなさい。

答,_____

問2、初めから8個目の×は、全体では何個目ですか。次の____部分に当てはまる数を入れて答を求めなさい。

（式・考え方）

____個÷____個 =__4__周期　あまり___0__個
（×,×,○,）（×,×,○,）（×,×,○,）（×,×,○,）
4周期の最後の○は数えないので引きます。↑
____個×____周期 －____個 =____個

答,_____

＊＊＊＊＊＊＊＊＊＊練習問題（第7章）＊＊＊＊＊＊＊＊＊＊

練習7-1、記号が○,○,△,○,△,○,○,△,○,△,○,○,△,○,△,○,○,△,○,△,○,○,△,・・・と規則正しくならんでいます。
次の問に答えなさい。

問1、初めから11個目の△は、全体では初めから何個目ですか。考え方を表す式を必ず書きなさい。
（式・考え方）

答,＿＿＿＿＿＿＿＿＿

問2、初めから101個目の△は、全体では初めから何個目ですか。
（式・考え方）

答,＿＿＿＿＿＿＿＿＿

問3、初めから9個目の○は、全体では初めから何個目ですか。考え方を表す式を必ず書きなさい。
(ヒント；9個÷3個=3周期あまり0となる。あまりがない場合、周期はちょうど3周期になりますが、最後の周期の(○,○,△,○,△)で、最後の○のあとに数えない△があります。)
（式・考え方）

答,＿＿＿＿＿＿＿＿＿

問4、初めから90個目の○は、全体では初めから何個目ですか。考え方を表す式を必ず書きなさい。
（式・考え方）

答,＿＿＿＿＿＿＿＿＿

練習7-2、「ア,ア,イ,ウ,ウ,イ,ア,ア,イ,ウ,ウ,イ,ア,ア,イ,ウ,ウ,イ,ア,ア,イ,ウ,ウ,イ,ア,ア,イ,ウ,ウ,イ,・・・・」とカタカナが規則正しくならんでいます。次の問に答えなさい。

問1、初めから100個目までに「イ」は、何個ありますか。
（式・考え方）

答,

問2、初めから20個目の「ア」は、全体では初めから何個目ですか。
（式・考え方）

答,

問3、初めから101個目の「イ」は、全体では初めから何個目ですか。
（式・考え方）

答,

練習7-3、「5,4,4,3,4,3,5,4,4,3,4,3,5,4,4,3,4,3,5,4,4,3,5,…」と数字が規則正しくならんでいます。初めから50個目の「4」は、全体では初めから何個目ですか。
（式・考え方）

答,

********** 確認テスト（第7章）********

ある記号の□番目が全体で何番目かを求める

年　月　日　　得点（　　　　　）　　合格点は80点

[7-1]　○,×,×,○,×,○,×,×,○,×,○,×,×,○,×,○,×,×,○,×,○,×,×,・・・・と記号が規則正しくならんでいます。
次の問に答えなさい。

問1、初めから25番目の○は全体では何番目になりますか。
（式・考え方）

答,＿＿＿＿＿＿＿＿（15点）

問2、初めから30番目の○は全体では何番目になりますか。
（式・考え方）

答,＿＿＿＿＿＿＿＿（15点）

[7-2]　記号が○,○,△,×,△,×,△,○,○,△,×,△,×,△,○,○,△,×,△,×,△,○,○,△,×,△,×,△,○,○,△,×,△,×・・・・と規則正しくならんでいます。
次の問に答えなさい。

問1、全体で初めから100個目までに△は何個ありますか。
（式・考え方）

答,＿＿＿＿＿＿＿＿（10点）

問2、初めから50個目の△は、全体では初めから何個目ですか。
（式・考え方）

答,　　　　　　　(15点)

[7-3]　「ア,イ,ウ,ウ,ア,ア,ア,イ,ウ,ウ,ア,ア,ア,イ,ウ,ウ,ア,ア,ア,イ,ウ,ウ,ア,ア,ア,イ,ウ,ウ・・・・」とカタカナが規則正しくならんでいます。次の問に答えなさい。

問1、初めから30個目の「ア」は、全体では初めから何個目ですか。
（式・考え方）

答,　　　　　　　(15点)

問2、初めから20個目の「ウ」は、全体では初めから何個目ですか。
（式・考え方）

答,　　　　　　　(15点)

問3、初めから15個目の「イ」は、全体では初めから何個目ですか。
（式・考え方）

答,　　　　　　　(15点)

第８章、第１章から第７章までの総合問題

例題8、次のように数字が規則正しくならんでいます。
「1,2,2,3,3,3,1,2,2,3,3,3,1,2,2,3,3,3,1,2,2,3,3,3,1,2,・・・」
次の問に答えなさい。

問１、何個で一つの周期になっていますか。（分からないときは第１章にもどって考えて見よう。：→第１章）
（考え方）
|1,2,2,3,3,3| |1,2,2,3,3,3| |1,2,2,3,3,3| |1,2,2,3,3,3| |1,2, , , , ,|
とくぎることができます。

答、　６個

問２、初めから20番目の数字は何ですか。（→第２章）
（式・考え方）20個を6個ずつの周期に分けて考えます。
20個÷6個＝3周期とあまり2個→（1,2,-）
|1,2,2,3,3,3| |1,2,2,3,3,3| |1,2,2,3,3,3| |1,2,-,-,-,-,| ・・・
一つ目の周期、二つ目の周期、三つ目の周期、四つ目の周期、
20番目は一つの周期の中の2個目にあたります。

答、　２

問３、34番目までに数字の「３」は何個ありますか。
（→第３章）
（式・考え方）34個の数字を周期とあまりに分けて考えます。
　34　個　÷　6　個　＝　5　周期　とあまり　4　個　→　（1,2,2,3,-,-）
　　　　　　　　　　　あまりの中の「３」の個数

　3　個×　5　周期＋　1　個＝　16　個　　　答、　16個

|1,2,2,3,3,3| 一つの周期には数字の「３」は3個ずつある。

問４、50番目までに数字の「１」、「２」、「３」はそれぞれ何個ありますか。（→第４章）

（式・考え方）

50個÷6個＝8周期あまり2個→（1,2,-,-,-,-,）

「1」は1個×8周期+1個＝9個

「2」は2個×8周期+1個＝17個

「3」は3個×8周期+0個＝24個

検算（けんざん）；数字の個数の合計が50個になることを確(たし)かめましょう。　9+17+24＝50（個）

答，「1」,9個　「2」,17個　「3」,24個

問5、初めから3番目までの数の和は「1+2+2」なので5になります。では、初めから70番目までの数の和はいくつですか。

（→第5章）

（式・考え方）

70個÷6個＝11周期 … 4個→（1,2,2,3,-,-,）

あまりの数の和

(1+2+2+3+3+3)× 11 周期+(1+2+2+3)＝ 162

| 一つの周期の数の和 | 周期の個数 | あまりの数字の和 |

答、162

問6、初めからの和が64になるのは何番目までの和ですか。

（→第6章）

（式・考え方）

1+2+2+3+3+3＝14　…一周期の数の和

64 ÷ 14 ＝ 4 周期とあまり 8　　1+2+2+3 ＝8→ 4個

6個 × 4周期 + 4個 ＝ 28個

答，28番目(までの和)

問7、初めから10個目の「3」は、全体では何個目ですか。次の

部分に当てはまる数を入れて答を求めなさい。
　（式・考え方）一つの周期には「3」は3個ずつあるので、
　　　10 個÷ 3 個＝ 3 周期　あまり 1 個→（ 1,2,2,3,-,-,）
　　　　　 6 個× 3 周期＋ 4 個＝ 22 個
　　　　　　　　　　　　　　　　　　　　答，　　22個目

類題8-1、次のように数字が規則正しくならんでいます。
「3,2,1,1,1,2,3,3,2,1,1,1,2,3,3,2,1,1,1,2,3,3,2,1,1,1,2・・・」
次の問に答えなさい。
問1、何個で一つの周期になっていますか。　　　　　　（→第1章）

　　　　　　　　　　　　　　　　　　　　答，　　　　個

問2、初めから30番目の数字は何ですか。　　　　　（→第2章）
　（式・考え方）30個を7個ずつの周期に分けて考えます。
　　　　個÷　　個＝　　　周期とあまり　　　個→（　,　,-）

　　　　　　　　　　　　　　　　　　　　答，

問3、60番目までに数字の「1」は何個ありますか。　（→第3章）
　（式・考え方）60個の数字を周期とあまりに分けて考えます。
　　　　個 ÷　　個＝　　周期 とあまり　　個→（　,　,　,　,　,　）
　　　　　　　　　　あまりの中の「1」の個数
　　　　個×　　周期＋　　個＝　　個　　答、　　　　個

問4、40番目までに数字の「1」、「2」、「3」はそれぞれ何個ありますか。　　　　　　　　　　　　　　　　　（→第4章）
　（式・考え方）
　　　　個÷　　個＝　　周期あまり　　個→（　,　,　,　,　,　）
　「1」は　　個×　　周期＋　　個＝　　個
　「2」は　　個×　　周期＋　　個＝　　個
　「3」は　　個×　　周期＋　　個＝　　個

検算（けんざん）；数字の個数の合計が40個になることを確（たし）かめましょう。　___＋___＋___＝___（個）

答, 「1」___個、「2」___個、「3」___個

問5、初めから3番目までの数の和は「3+2+1」なので6になります。では、初めから53番目までの数の和はいくつですか。

(→第5章)

（式・考え方）

___個÷___個＝___周期　…　___個→（　　　　　　）

↓あまりの数の和

(　　　　　　)×___周期+(　　　　　　)＝___

↑　　　　　　↑　　　　　　↑
| 一つの周期の数の和 | 周期の個数 | あまりの数字の和 |

答、___

問6、初めからの和が70になるのは何番目までの和ですか。

(→第6章)

（式・考え方）

___…一周期の数の和

___÷___＝___周期とあまり___＝___→___個

___個×___周期+___個＝___個　　答、___

問7、初めから9個目の「2」は、全体では何個目ですか。次の部分に当てはまる数を入れて答を求めなさい。

（式・考え方）一つの周期には「2」は2個ずつあるので、

___個÷___個＝___周期　あまり___個→（_,_,_,_,_）

___個×___周期　+　___個　＝　___個

答、___個目

＊＊＊＊＊＊＊＊＊＊練習問題（第8章）＊＊＊＊＊＊＊＊＊＊

第1章から第7章までの総合問題

練習8-1、次のように数字が規則正しくならんでいます。
「5,4,4,4,3,4,5,5,5,4,4,4,3,4,5,5,5,4,4,4,3,4,5,5,5,4,4,4,3,4,5,5,5,4,4,4,3,4,5,5,5,4,4,4,3,4,5,・・・」
次の問に答えなさい。

問1、何個で一つの周期になっていますか。

答．＿＿＿＿個

問2、初めから69番目の数字は何ですか。
（式・考え方）

答．＿＿＿＿

問3、100番目までに数字の「4」は何個ありますか。
（式・考え方）

答．＿＿＿＿

問4、70番目までに数字の「3」、「4」、「5」はそれぞれ何個ありますか。
（式・考え方）

検算；数字の個数の合計が70個になることを確かめましょう。
＿＿＿＋＿＿＿＋＿＿＿＝＿＿＿（個）
答．「3」＿＿＿個、「4」＿＿＿個、「5」＿＿＿個

問5、初めから50番目までの数の和はいくつですか。
（式・考え方）

答,＿＿＿＿＿＿

問6、初めからの和が285になるのは何番目までの和ですか。
（式・考え方）

答,＿＿＿＿＿＿

問7、初めから30個目の「4」は、全体では何個目ですか。
（式・考え方）

答,＿＿＿＿個目

練習8-2、「ア,ウ,イ,イ,ウ,ア,ア,ア,ウ,イ,イ,ウ,ア,ア,ア,ウ,イ,イ,ウ,ア,ア,ア,ウ,イ,イ,ウ,ア,・・・・」とカタカナが規則正しくならんでいます。次の問に答えなさい。

問1、初めから100番目のカタカナは何ですか。
（式・考え方）

答,＿＿＿＿＿＿

問2、100番目までにカタカナの「ア」、「イ」、「ウ」はそれぞれ何個ありますか。
（式・考え方）

答,アは＿＿個、イは＿＿個、ウは＿＿個

問3、「イ」だけで20個目になる「イ」は全体では何番目になりますか。
（式・考え方）

答,＿＿＿＿＿＿＿＿＿＿

練習8-3、「×,×,○,×,○,△,×,×,×,×,○,×,○,△,×,×,×,×,○,×,○,△,×,×,×,×,○,×,○,△,・・・・」と記号が規則正しくならんでいます。次の問に答えなさい。

問1、110番目までに記号の「○」「×」「△」はそれぞれ何個ありますか。
（式・考え方）

答,「○」＿＿個、「×」＿＿個、「△」＿＿個、

問2、「×」だけで20個目の「×」は、全体では何番目になりますか。
（式・考え方）

答,＿＿＿＿＿＿＿＿＿＿

問3、「○」だけで20個目の「○」は、全体では何番目になりますか。
（式・考え方）

答,＿＿＿＿＿＿＿＿＿＿

**********確認テスト（第8章）*********

第1章から第7章までの総合問題

年　月　日　　得点（　　　）　　合格点は80点、各10点

[8-1]「3,2,2,1,1,1,2,3,3,2,2,1,1,1,2,3,3,2,2,1,1,1,2,3,3,2,2,1,1,1,2,3,3,2,2,1,1,1,2,3,3,2,2,1,1,1,2,・・・」と数字が規則正しく並んでいます。次の問に答えなさい。

問1、何個で一つの周期になっていますか。

答,　　　個

問2、初めから90番目の数字は何ですか。
（式・考え方）

答,

問3、50番目までに数字の「2」は何個ありますか。
（式・考え方）

答,

問4、100番目までに数字の「1」、「2」、「3」はそれぞれ何個ありますか。
（式・考え方）

答,「1」　　個、「2」　　個、「3」　　個

問5、初めから60番目までの数の和はいくつですか。
（式・考え方）

答,＿＿＿＿＿＿＿＿

問6、初めからの和が144になるのは何番目までの和ですか。
（式・考え方）

答,＿＿＿＿＿＿＿＿

問7、初めから24個目の「2」は、全体では何個目ですか。
（式・考え方）

答,＿＿＿＿個目

[8-2]　「月,火,火,水,月,月,月,火,火,水,月,月,月,火,火,水,月,月,月,火,火,水,月,月,月,火,火,水,・・・」と漢字が規則正しくならんでいます。次の問に答えなさい。

問1、「月」だけで20個目になる「月」は全体では何番目になりますか。
（式・考え方）

答,＿＿＿＿＿＿＿＿

問2、「火」だけで20個目になる「火」は全体では何番目になりますか。
（式・考え方）

答,＿＿＿＿＿＿＿＿

＊＊＊＊＊＊＊＊＊＊実力テスト（第8章）＊＊＊＊＊＊＊＊＊
周期算の発展問題

年　月　日　　得点（　　　　）　　合格点は80点

[8-3]　「1,2,3,3,3,2,1,1,2,3,3,3,2,1,1,2,3,3,3,2,1,1,2,3,3,3,2,1,1,2,3,3,3,2,1,1,2,3,3,3,2,1,・・・」と数字が全部(ぜんぶ)で145個、規則正しく並んでいます。次の問に答えなさい。

問1、最後の数字は何ですか。

答,　　　　　　（10点）

問2、145個の数字の中でちょうど真ん中にくる数字は初めから数えて何番目ですか。（ヒント；真ん中の数字より前と後は同じ個数になっています。）
（式・考え方）

答,　　　　番目（10点）

問3、初めから真ん中の数字までに数字の「3」は何個ありますか。
（式・考え方）

答,　　　　個（10点）

問4、全ての数字の中に数字の「1」、「2」、「3」はそれぞれ何個ありますか。
（式・考え方）

答,「1」　　個、「2」　　個、「3」　　個（10点×3）

[8-4] 下図のような図形（ずけい）をたけひごで作って規則正しく並べていきます。図形アと図形ウは正方形（せいほうけい：すべての辺の長さが同じ）で、図形イと図形エは正三角形（せいさんかっけい：すべての辺の長さが同じ三角形）です。一辺（いっぺん）の長さはアは3cm、イは2cm、ウは5cm、エは4cmです。図形はアイウエの順にくりかえしならべます。アイウの3個の図形をならべたときは、図形の端から端までの長さは下図のように10cmになります。また、使ったたけひごの長さの合計は3×4+2×3+5×4＝38cmとなります。

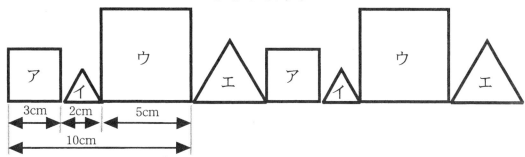

問1、図形を左端から23個ならべたとき、端から端までは何cmで、使ったたけひごの長さの合計は何cmになりますか。
（式・考え方）

答，端から端までは　　　　　cm、たけひご　　　　　cm（10点×2）

問2、使ったたけひご長さの合計が668cmになりました。このとき、左端から右端までの長さは何cmになっていますか。
（式・考え方）

答，端から端までは　　　　　cm（20点）

解答

P.3　　　　第1章

　類題1-1,問1,　　　　　　　　　答,4個
　問2,　　　　　答　○,　2周期とあと3個
P.4
　練習1-1,問1,　　　　　　　　　答,5個
　問2,　　　　　答　イ,　3周期とあと2個
　練習1-2,　　　答　1,　2周期とあと4個

P.5　　　確認テスト（第1章）
　[1-1]問1,　　　　　　　　　　　答,6個
　問2,　　　　　答　ア,　1周期とあと5個
　問3,　　　　　答　ウ,　3周期とあと4個
　[1-2]問1,　　　　　　　　　　　答,7個
　問2,　　　　　答　○,　2周期とあと6個

p.7　　　　第2章

　類題2-1,
　問1, 21個÷5個=4周期 あまり1個　　答,○
　問2, 15個÷5個=3周期 あまり0個　　答,●
　問3, 42個÷5個=8周期 あまり2個　　答,●
　類題2-2,
　問1, 19個÷4個=4周期 あまり3個　　答,●
p.8
　問2, 40個÷4個=10周期 あまり0個　答,●
　類題2-3,
　　40個÷6個=6周期 あまり4個　　　答,イ
　類題2-4,
　　30個÷4個=7周期 あまり2個　　　答,1
p.9
　練習2-1,20個÷3個=6周期 …2個　　答,●
　練習2-2,40個÷5個=8周期 …0個　　答,ア
　練習2-3,100個÷6個=16周期 …4個　答,△
　練習2-4,30個÷5個=6周期 …0個
　　　　　51個÷5個=10周期 …1個
　　　　　　　　答,30個目は1　51個目は3

P.10　　　確認テスト（第2章）
　[2-1] 30個÷4個=7周期 …2個　　　答,●
　[2-2] 20個÷5個=4周期 …0個　　　答,2
　[2-3] 100個÷6個=16周期 …4個　　答,イ
　[2-4] 40個÷4個=10周期 …0個　　　答,●
　[2-5] 40個÷6個=6周期 …4個　　　答,2
P.11
　[2-6] 50個÷6個=8周期 …2個　　　答,△
　[2-7] 43個÷5個=8周期 …3個　　　答,○
　[2-8] 50個÷6個=8周期 …2個　　　答,2
　[2-9] 100個÷6個=16周期 …4個　　答,6
　[2-10] 100個÷7個=14周期 …2個　　答,火

p.13　　　　第3章

　類題3-1,
　　60個÷7個=8周期 あまり4個→(●●○●)
　　4個×8周期+1個=33個　　　　答,33個
　類題3-2,
　　70個÷6個=11周期 …4個→(1,2,3,2)
　　3個×11周期+1個=34個　　　答,34個
　類題3-3,
　　72個÷5個=14周期 …2個→(ア,ウ)
　　2個×14周期+0個=28個　　　答,28個
P.14
　練習3-1,
　　20個÷3個=6周期 …2個→(○,●)
　　1個×6周期+1個=7個　　　　答,7個
　練習3-2,
　　50個÷6個=8周期 …2個→(1,2)
　　2個×8周期+0個=16個　　　　答,16個
　練習3-3,
　　28個÷5個=5周期 …3個→(○,● ,●)
　　3個×5周期+1個=16個　　　　答,16個
　練習3-4,
　　100個÷6個=16周期 …4個→(エ,エ,ム,エ)
　　4個×16周期+3個=67個　　　答,67個

P.15　　　確認テスト（第3章）
　[3-1]
　　50個÷7個=7周期 …1個→(○)
　　3個×7周期+0個=21個　　　　答,21個
　[3-2]
　　100個÷6個=16周期 …4個→(ア,イ,イ,ウ)
　　3個×16周期+1個=49個　　　答,49個
　[3-3]

25個÷4個=6周期 …1個→(1)
2個×6周期+0個=12個　　　　　　**答,12個**

P.16

[3-4]
70個÷6個=11周期 …4個→(△,×,×,○)
3個×11周期+2個=35個　　　　　　**答,35個**

[3-5]
60個÷7個=8周期 …4個→(1,2,2,3)
3個×8周期+1個=25個　　　　　　**答,25個**

[3-6]
50個÷6個=8周期 …2個→(月,火)
2個×8周期+1個=17個　　　　　　**答,17個**

p.18　　　第4章

類題4-1,
問1,
　80個÷7個=11周期 …3個→(△,×,×,-,-)
　　　　　　　　　　　　　　　　答,×

問2,
○は1個×11周期+0個=11個
×は3個×11周期+2個=35個
△は3個×11周期+1個=34個
　　　　　　答,○11個,×35個,△34個

問3,　　　　　　　　**答,11+35+34=80**

類題4-2,
　80個÷6個=13周期 …2個→(2,1)
「1」は3個×13周期+1個=40個
「2」は2個×13周期+1個=27個
「3」は1個×13周期+0個=13個
　　　　　　答,「1」40個,「2」27個,「3」13個

練習4-1,
問1,
　70個÷6個=11周期 …4個→(1,2,2,3,-,-)
　　　　　　　　　　　　　　　　答,3

P.19
問2,
「1」は1個×11周期+1個=12個
「2」は2個×11周期+2個=24個
「3」は3個×11周期+1個=34個
　　　　　　答,「1」12個,「2」24個,「3」34個

問3,　　　　　　　　**答,12+24+34=70**

練習4-2,

問1,
　120個÷7個=17周期 …1個→(△,-,-,-,-,-)
　　　　　　　　　　　　　　　　答,△

問2,
△は1個×17周期+1個=18個
×は4個×17周期+0個=68個
　　　　　　答,△18個,×68個

問3,　　120-(18+68)=34個
　　　　　　　　　　　　　答,○は34個

P.20
問4,　2個×17周期+0個=34個
　　　　　　　　　　　　　答,○は34個

練習4-3,
問1,
130個÷6個=21周期…4→(ア,イ,イ,ウ,-,-)
　　　　　　　　　　　　　　　　答,ウ

問2,
アは2個×21周期+1個=43個
イは3個×21周期+2個=65個
ウは1個×21周期+1個=22個
　　　　　　答,アは43個,イは65個,ウは22個

問3,　　　　　　　**答,43+65+22=130**

P.21　　確認テスト（第4章）

[4-1]
問1,
80個÷7個=11周期…3→(2,1,1)
　　　　　　　　　　　　　　　　答,1

問2,
「1」は2個×11周期+2個=24個
「2」は3個×11周期+1個=34個
「3」は2個×11周期+0個=22個
　　　　　　答,「1」24個,「2」34個,「3」22個

問3,　　　　　　　**答,24+34+22=80**

[4-2]
問1,
200個÷6個=33周期 …2個→(ア,イ,-,-)
　　　　　　　　　　　　　　　　答,イ

P.22
問2,
「ア」は3個×33周期+1個=100個
「イ」は2個×33周期+1個=67個
　　　　　　答,「ア」は100個,「イ」は67個

問3,　　200－(100+67)＝33個
　　　　　　　　　　　　　答,「ウ」は33個
問4,　1個×33周期+0個=33個
　　　　　　　　　　　　　答,「ウ」は33個
[4-3]
150個÷9個=16周期 …6個
　　　　　　→(○,×,×,△,×,△)
○は3個×16周期+1個=49個
×は4個×16周期+3個=67個
△は2個×16周期+2個=34個
　　　答,「○」49個,「×」67個,「△」34個

P.24　　　　第5章

類題5-1,
15個÷4個=3周期 …3個→(1,2,2)
(1+2+2+3)×3周期+(1+2+2)=29　答,29
類題5-2,
50個÷4個=12周期 …2個→(2,3)
(2+3+1+1)×12周期+(2+3)=89　答,89
類題5-3,
80個÷7個=11周期 …3個→(1,1,3)
(1+1+3+1+2+3+1)×11周期
　　　　　　　　+(1+1+3)=137　答,137

P.25
練習5-1,
30個÷4個=7周期 …2個→(1,2)
(1+2+3+1)×7周期+(1+2)=52　　答,52
練習5-2,
問1,50個÷8個=6周期 …2個→(1,2)　答,2
問2,
(1+2+2+3+1+2+1+2)×6周期
　　　　　　　　　+(1+2)=87　答,87
問3,100個÷8個=12周期 …4個→(1,2,2,3)
(1+2+2+3+1+2+1+2)×12周期
　　　　　　　　+(1+2+2+3)=176　答,176

P.26　　　確認テスト（第5章）
[5-1]
60個÷7個=8周期 …4個→(1,2,2,3)
(1+2+2+3+3+3+1)×8周期
　　　　　　　　+(1+2+2+3)=128　答,128
[5-2]

問1,40個÷6個=6周期 …4個→(1,2,3,2)
　　　　　　　　　　　　　答,2
問2,
(1+2+3+2+1+1)×6周期
　　　　　　　+(1+2+3+2)=68　答,68
[5-3]
100個÷7個=14周期 …2個→(5,3)
(5+3+2+1+3+1+5)×14周期
　　　　　　　　+(5+3)=288　答,288

P.28　　　第6章
類題6-1,問1,1+2+3+1+2+3+1+2=15
　　　　　　　　　　　　　答,8番目まで
問2,1+2+3=6…一周期の数の和
15÷6=2周期とあまり3　1+2=3→2個
3個×2周期+2個=8個　　答,8番目まで
類題6-2,1+1+2+3+1=8…一周期の数の和
60÷8=7周期とあまり4　1+1+2=4→3個
5個×7周期+3個=38個　　答,38番目

P.29
類題6-3,
2+3+1+1+1+2=10…一周期の数の和
85÷10=8周期とあまり5　2+3=5→2個
6個×8周期+2個=50個　　答,50番目
練習6-1
問1,50個÷4個=12周期 …2個→(5,4)
(5+4+3+2)×12周期+(5+4)=177　答,177
問2,　5+4+3+2=14
278÷14=19周期とあまり12
　　　　　5+4+3=12→3個
4個×19周期+3個=79　　　答,79個

P.30
練習6-2
問1,153個÷5個=30周期 …3個→(1,2,3)
2個×30周期+1個=61　　　　答,61個
問2,　1+2+3+2+1=9
87÷9=9周期とあまり6　1+2+3=6→3個
5個×9周期+3個=48　　　答,48番目まで
練習6-3
問1,100個÷7個=14周期 …2個→(1,1)
(1+1+3+2+3+2+1)×14周期
　　　　　　　　+(1+1)=156　答,156
問2,　1+1+1+2+3+2+1=11
60÷11=5周期…5　1+1+1+2=5→4個

7個×5周期+4個=39　　　　　**答,39番目まで**

P.31　　確認テスト（第6章）
［6-1］
問1,80個÷6個=13周期 …2個→(3,3)
(3+3+4+1+1+3)×13周期
　　　　　　　　　　+(3+3)=201　**答,201**
問2,　3+3+4+1+1+3=15
141÷15=9周期…6　3+3=6→2個
6個×9周期+2個=56　　　　**答,56個**
［6-2］
問1,150個÷7個=21周期 …3個→(1,1,2)
3個×21周期+1個=64　　　　**答,64個**
問2,　1+1+2+2+2+3+1=12
85÷12=7周期…1　1→1個
7個×7周期+1個=50　　　**答,50番目まで**

P.33　　　　第7章

類題7-1
問1,　　　　　　　　　　　**答, 6個**
問2,　　　　　　　　　　　**答,15個目**
問3,　一周期の中に△は2個ずつある
5個÷2個=2周期 …1個→(○,×,△)
6個×2周期+3個=15　　　　**答,15個目**
問4,
23個÷2個=11周期 …1個→(○,×,△)
6個×11周期+3個=69　　　　**答,69個目**
問5,　一周期の中に○は3個ずつある
50個÷3個=16周期 …2個→(○,×,△,○)
6個×16周期+4個=100　　　**答,100個目**

P.34
類題7-2
問1,　　　　　　　　　　　**答,12個目**
問2,　一周期の中に×は2個ずつある
8個÷2個=4周期 …0個
一つの周期の中の最後の記号が×なので
ちょうど4周期の最後が求める×の位置です
3個×4周期+0個=12　　　　**答,12個目**
類題7-3
問1,　　　　　　　　　　　**答,11個目**
問2,　一周期の中に×は2個ずつある
8個÷2個=4周期 …0個
一つの周期の中の最後の記号が○で、求め

る×はちょうど4周期から1個引きます
3個×4周期-1個=11　　　　**答,11個目**
P.35
練習7-1
問1,11個÷2個=5周期 …1個→(○,○,△)
5個×5周期+3個=28個　　　**答,28個目**
問2,101個÷2個=50周期 …1個→(○,○,△)
5個×50周期+3個=253個　　**答,253個目**
問3,　一周期の中に○は3個ずつある
9個÷3個=3周期 …0個
一つの周期の中の最後の記号が△で、求め
る○はちょうど3周期から1個引きます
5個×3周期-1個=14　　　　**答,14個目**
問4,　一周期の中に○は3個ずつある
90個÷3個=30周期 …0個
一つの周期の中の最後の記号が△で、求め
る○はちょうど3周期から1個引きます
5個×30周期-1個=149　　　**答,149個目**

P.36
練習7-2
問1,100個÷6個=16周期 …4個
　　　　　　　　　　　→(ア,ア,イ,ウ)
2個×16周期+1個=33個　　　**答,33個**
問2,　一周期の中にアは2個ずつある
20個÷2個=10周期 …0個
一つの周期の中の最後から4つの記号が(イ,
ウ,ウ,イ),求めるアまではちょうど10周期か
ら4個引きます
6個×10周期-4個=56　　　　**答,56個目**
問3,101個÷2個=50周期 …1個→(ア,ア,イ)
6個×50周期+3個=303　　　**答,303個目**
練習7-3,
50個÷3個=16周期 …2個→(5,4,4)
6個×16周期+3個=99　　　　**答,99個目**

P.37　　確認テスト（第7章）
［7-1］
問1,　25個÷2個=12周期 …1個→(○,-,-)
5個×12周期+1個=61個　　　**答,61番目**
問2,　30個÷2個=15周期 …0個
求める○のあとに×が1個あるのでこれを引
きます
5個×15周期-1個=74個　　　**答,74番目**

[7-2]
問1, 100個÷7個=14周期 …2個→(○,○)
3個×14周期+0個=42個　　　　**答,42個**

P.38
問2, 50個÷3個=16周期 …2個
　　　　　　　　　　→(○,○,△,×,△)
7個×16周期+5個=117個　　　**答,117個目**

[7-3]
問1, 30個÷3個=10周期 …0個
求める30個目の「ア」は、10周期の最後
6個×10周期+0個=60個　　　　**答,60個目**
問2, 20個÷2個=10周期 …0個
求める20個目の「ウ」のあとに「ア」が2個あるのでこれを引きます
6個×10周期-2個=58個　　　　**答,58個目**
問3, 15個÷1個=15周期 …0個
求める15個目の「イ」のあとに「ア」と「ウ」が合わせて4個あるのでこれを引きます
6個×15周期-4個=86個　　　　**答,86個目**

P.41　　　　第8章

類題8-1
問1,　　　　　　　　　　　　　**答,7個**
問2, 30個÷7個=4周期 …2個→(3,2,-)　**答,2**
問3, 60個÷7個=8周期 とあまり4個
　　　　　　　　　　→(3,2,1,1,-,-,-)
3個×8周期+2個=26個　　　　　**答,26個**
問4, 40個÷7個=5周期 あまり5個
　　　　　　　　　　→(3,2,1,1,1,-,-)
「1」は3個×5周期+3個=18個
「2」は2個×5周期+1個=11個
「3」は2個×5周期+1個=11個
検算　18+11+11=40
　　　　答,「1」18個,「2」11個,「3」11個

P.42
問5, 53個÷7個=7周期 …4個→(3,2,1,1)
(3+2+1+1+1+2+3)×7周期
　　　　　　　　+(3+2+1+1)=98　**答,98**
問6, 3+2+1+1+1+2+3=13
70÷13=5周期とあまり5　3+2=5→2個
7個×5周期+2個=37個　　　　**答,37番目まで**

問7, 9個÷2個=4周期 …1個→(3,2,-,-,-,-,-)
7個×4周期+2個=30個　　　　**答,30個目**

P.43
練習8-1
問1,　　　　　　　　　　　　　**答,8個**
問2, 69個÷8個=8周期 …5個→(5,4,4,4,3)
　　　　　　　　　　　　　　答,3
問3, 100個÷8個=12周期 …4個　→(5,4,4,4)
4個×12周期+3個=51個　　　　**答,51個**
問4, 70個÷8個=8周期 …6個
　　　　　　　　　　→(5,4,4,4,3,4)
「3」は1個×8周期+1個=9個
「4」は4個×8周期+4個=36個
「5」は3個×8周期+1個=25個
検算　9+36+25=70
　　　答,「3」9個,「4」36個,「5」25個

P.44
問5, 50個÷8個=6周期 …2個→(5,4)
(5+4+4+4+3+4+5+5)×6周期
　　　　　　　　+(5+4)=213　**答,213**
問6,　5+4+4+4+3+4+5+5=34
285÷34=8周期…13　5+4+4=13→3個
8個×8周期+3個=67個　　　　**答,67番目まで**
問7, 30個÷4個=7周期 …2個→(5,4,4)
8個×7周期+3個=59個　　　　**答,59個目**
練習8-2
問1, 100個÷7個=14周期 …2個→(ア,ウ)
　　　　　　　　　　　　　　答,ウ
問2, 問1の式を利用します。
「ア」は3個×14周期+1個=43個
「イ」は2個×14周期+0個=28個
「ウ」は2個×14周期+1個=29個
検算　9+36+25=70
　　　答,アは43個,イは28個,ウは29個

P.45
問3, 20個÷2個=10周期 …0個
　　　　　　　　→(ア,ウ,イ,イ,ウ,ア,ア)
求める20個目の「イ」のあとに「ア」と「ウ」が合わせて3個あるのでこれを引きます。7個×10周期-3個=67個　　**答,67番目**
練習8-3
問1, 110個÷8個=13周期 …6個
　　　　　　　　→(×,×,○,×,○,△)

○は2個×13周期+2個=28個
×は5個×13周期+3個=68個
△は1個×13周期+1個=14個
　　　答,「○」28個,「×」68個,「△」14個
問2,20個÷5個=4周期 …0個
8個×4周期+0個=32個　　　答,32番目
問3,20個÷2個=10周期 …0個
　　　　→(×,×,○,×,○,△,×,×)
求める20個目の「○」のあとに「×」と「△」が合わせて3個あるのでこれを引きます。8個×10周期-3個=77個　　答,77番目

P.46　　　確認テスト（第8章）
[8-1]
問1,　　　　　　　　　　　　答,8個
問2,90個÷8個=11周期 …2個→(3,2)
　　　　　　　　　　　　　　答,2
問3,50個÷8個=6周期 …2個　→(3,2)
3個×6周期+1個=19個　　　答,19個
問4, 100個÷8個=12周期 …4個
　　　　　　　　　　　→(3,2,2,1)
「1」は3個×12周期+1個=37個
「2」は3個×12周期+2個=38個
「3」は2個×12周期+1個=25個
検算　37+38+25=100
　　　答,「1」37個,「2」38個,「3」25個
P.47
問5, 60個÷8個=7周期 …4個→(3,2,2,1)
(3+2+2+1+1+1+2+3)×7周期
　　　　　　　+(3+2+2+1)=113　答,113
問6,　3+2+2+1+1+1+2+3=15
144÷15=9周期…9　　3+2+2+1+1=9→5個
8個×9周期+5個=77個　　答,77番目まで
問7, 24個÷3個=8周期 …0個
　　　　　　　　　　→(3,2,2,1,1,1,2,3)
8個×8周期-1個=63個　　　答,63個目
[8-2]
問1, 20個÷3個=6周期 …2個
　　　　　　　　　　→(月,火,火,水,月,月)
6個×6周期+5個=41個　　　答,41番目
問2, 20個÷2個=10周期 …0個
　　　　　　　　　　→(月,火,火,水,月,月)

6個×10周期-3個=57個　　　答,57番目

P.48　　　実力テスト（第8章）
[8-3]
問1,145個÷7個=20周期…5個→(1,2,3,3,3)
　　　　　　　　　　　　　　答,3
問2,(145個-1個)÷2=72個…真ん中よりも前には72個ある。　72+1= 73番目
　　　　　　　　　　　　　答,73番目
問3,73個÷7個=10周期…3個→(1,2,3)
3個×10周期+1個=31個　　　答,31個
問4,問1の式を利用して
「1」は2個×20周期+1個=41個
「2」は2個×20周期+1個=41個
「3」は3個×20周期+3個=63個
検算　41+41+63=145
　　　答,「1」41個,「2」41個,「3」63個
P.49
[8-4]
問1,23個÷4個=5周期…3個→(ア,イ,ウ)
一周期の端から端までの長さは
3+2+5+4=14cm
端から端までの長さは
14cm×5周期+(3cm+2cm+5cm)
= 70cm+10cm = 80cm
一周期に使われるたけひごの長さは
3×4+2×3+5×4+4×3 = 50cm
使ったたけひごの長さの合計は
50cm×5周期+(3×4+2×3+5×4)cm
= 250cm+38cm = 288cm
　　答,端から端までは80cm、たけひご288cm
問2,問1の結果から一周期に使われるたけひごの長さは50cmなので、668cmのたけひごは
668÷50 = 13 … 18cm
あまりの18cmは図形アとイの3×4+2×3=の18cmに相当する。
左端から右端までに13周期と図形アとイがある。そこで、長さを考えると、一周期は3+2+5+4=14cmで、図形アとイは(3+2)cmとなる。左端から右端までの長さは　14cm×13 + (3+2)cm = 187cm
　　　　答,端から端までは　187cm

M.acceess　学びの理念

☆**学びたいという気持ちが大切です**
　勉強を強制されていると感じているのではなく、心から学びたいと思っていることが、子どもを伸ばします。

☆**意味を理解し納得する事が学びです**
　たとえば、公式を丸暗記して当てはめて解くのは正しい姿勢ではありません。意味を理解し納得するまで考えることが本当の学習です。

☆**学びには生きた経験が必要です**
　家の手伝い、スポーツ、友人関係、近所付き合いや学校生活もしっかりできて、「学び」の姿勢は育ちます。
　生きた経験を伴いながら、学びたいという心を持ち、意味を理解、納得する学習をすれば、負担を感じるほどの多くの問題をこなさずとも、子どもたちはそれぞれの目標を達成することができます。

発刊のことば

　「生きてゆく」ということは、道のない道を歩いて行くようなものです。「答」のない問題を解くようなものです。今まで人はみんなそれぞれ道のない道を歩き、「答」のない問題を解いてきました。

　子どもたちの未来にも、定まった「答」はありません。もちろん「解き方」や「公式」もありません。

　私たちの後を継いで世界の明日を支えてゆく彼らにもっとも必要な、そして今、社会でもっとも求められている力は、この「解き方」も「公式」も「答」すらもない問題を解いてゆく力ではないでしょうか。

　人間のはるかに及ばない、素晴らしい速さで計算を行うコンピューターでさえ、「解き方」のない問題を解く力はありません。特にこれからの人間に求められているのは、「解き方」も「公式」も「答」もない問題を解いてゆく力であると、私たちは確信しています。

　M.accessの教材が、これからの社会を支え、新しい世界を創造してゆく子どもたちの成長に、少しでも役立つことを願ってやみません。

思考力算数練習帳シリーズ１２
周期算　新装版　（整数範囲／中学受験基礎）　（内容は旧版と同じものです）

　　　新装版　第１刷
　　　編集者　M.access（エム・アクセス）
　　　発行所　株式会社　認知工学
　　　〒６０４－８１５５　京都市中京区錦小路烏丸西入ル占出山町308
　　　電話　（０７５）２５６－７７２３　　email：ninchi@sch.jp
　　　郵便振替　０１０８０－９－１９３６２　　株式会社認知工学

ISBN978-4-86712-112-2　　C-6341　　　　　A12170124G

定価＝　本体６００円　＋税

ISBN978-4-86712-112-2 C6341 ¥600E

9784867121122

1926341006008

定価：本体６００円＋消費税

M.access 認知工学

表紙の解答

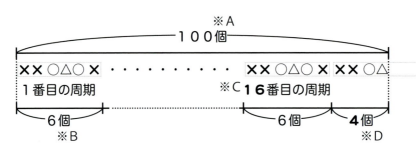

$$100 \div 6 = 16 \cdots 4$$
※A　　※B　　※C　　※D

１００÷６＝１６…４　の式は
周期が１６回と、記号があと４つあることを示している。

××○△○× の前から４番目は△

答　　△